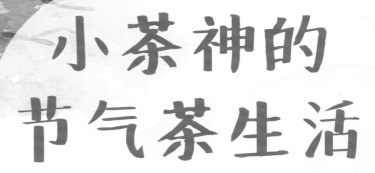

小茶神的
节气茶生活

中国茶叶博物馆　编著

ZHEJIANG UNIVERSITY PRESS
浙江大学出版社
·杭州·

图书在版编目（ＣＩＰ）数据

小茶神的节气茶生活 / 中国茶叶博物馆编著. —— 杭
州 : 浙江大学出版社, 2023.10
ISBN 978-7-308-24238-7

Ⅰ.①小… Ⅱ.①中… Ⅲ.①茶文化 – 中国 – 青少年
读物 Ⅳ.①TS971.21-53

中国国家版本馆CIP数据核字(2023)第183856号

小茶神的节气茶生活

中国茶叶博物馆　编著

策划编辑	丁佳雯
责任编辑	丁佳雯　徐娅敏
责任校对	戴　田　胡宏娇
责任印制	范洪法
封面设计	云水文化
出版发行	浙江大学出版社
	（杭州市天目山路148号　　邮政编码　310007）
	（网址：http ://www.zjupress.com）
排　　版	云水文化
印　　刷	杭州宏雅印刷有限公司
开　　本	787mm×1092mm　1/16
印　　张	7.25
字　　数	85 千
版 印 次	2023年10月第1版　2023年10月第1次印刷
书　　号	ISBN 978-7-308-24238-7
定　　价	68.00元

浙江大学出版社市场运营中心联系方式: 0571 88925591; http://zjdxcbs. tmall.com

《小茶神的节气茶生活》编委会

主　编
包　静

文字撰稿
赵燕燕　郑杨杨

插画创作
郭悠扬　陈子馨　王林林　谌琳微
贲清清　左　娇　方政鸣

顾　问
朱珠珍　晏　昕　林　晨

编委（排名不分先后）
王慧英　王一潇　舒　艳　金建公
边晓丹　陈　栋　蔡嘉嘉　李　昕

人物介绍

立春
小·春笋

雨水
水滴宝宝

惊蛰
小·树蛙

春分
花儿们

清明
油菜花·小哥哥

谷雨
虾·小侠

立夏
蛋蛋

小满
蚕宝宝

芒种
小·黄梅

夏至
茶园鸡

小暑
小·荷叶

大暑
小·茉莉

立秋
小·甘蔗

处暑
小·薄荷

白露
小·雪梨

秋分
小·桂花

寒露
菊小·花

霜降
小·茶花

立冬
小·红枣

小雪
小·干草

大雪
雪宝宝

冬至
小·汤圆

小寒
姜小·生

大寒
蜡梅姐姐

小·茶神

序

　　非物质文化遗产是我国各民族世代相传的生命记忆，是华夏文明的灿烂火花。随着非遗保护利用水平日渐提高，非遗在当今社会焕发出了新的生机，无论是 2022 年列入联合国教科文组织人类非物质文化遗产代表作名录的"中国传统制茶技艺及其相关习俗"，还是 2016 年入选的"二十四节气"，都与中国人的生活息息相关。二十四节气被誉为中国的"第五大发明"，它出于日常，成于东方，是中国人探寻自然规律总结出来的时间刻度，影响着农事的安排。我国也是最早发现和利用茶叶的国家，我们的先民很早就懂得遵循节气种茶品茶，也形成了丰富多彩的茶俗，一杯时令茶，让身体跟上自然变化的节拍，打开茶饮健康的密码。

　　我是一名大学茶学教育工作者，同时我也非常关注茶文化在儿童阶段的普及教育。如何让孩子们更好地了解茶？我想通过绘本的形式来呈现是一个不错的选择。翻开这本由中国茶叶博物馆编著的《小茶神的节气茶生活》，我欣喜地发现此绘本有着几个十分鲜明的特色。第一是视角非常独特，跟着小茶神的步伐，以

二十四节气为作息，以万物为启蒙，以自然为导师，让茶与二十四节气两大人类非遗巧妙地融合在了一起，将与每个节气有关的茶树生长、制茶技艺、茶事民俗、茶餐茶饮等娓娓道来，小茶神与朋友一次次交往的过程，就是一次次茶文化和茶习俗的科普。书中拟人化的叙事手法让孩子们的阅读不再枯燥乏味，例如在"立夏篇"，小茶神讲述茶叶蛋的制作方式，就用"鸡蛋在茶汤里打了一个滚"的标题作为开场，很是有趣。第二是插画精美，绘本最吸引孩子的一点就是插画，趣味故事搭配清新水墨风格画，生动演绎了小茶神与二十四节气中的好朋友们的日常生活，书中的小春笋、小树蛙、茶园鸡等都用极为活泼的方式出场，让人眼前一亮。第三是内容呈现方式多样，让孩子们在阅读绘本故事的同时还能通过视频将眼睛"看"、耳朵"听"、动手"做"深度结合，打造边听边做的亲子互动小课堂，带着家长和孩子们一起体验神奇的四季茶生活。

这本绘本角色鲜活、情节清晰，站在儿童的视角说人物、聊故事、传文化。它的内容是开放式的，便于大朋友和小朋友在阅读的过程中积极互动，家长带着孩子跟着小茶神在不同节气品一杯中国好茶，做一道经典茶餐，茶文化就这样潜移默化地浸润到了"祖国花朵"的内心世界。这与中国茶叶博物馆一直以来坚持的茶文化传播理念一脉相承，旨在将弘扬中华茶文化与儿童文化启蒙教育相融合，使得茶文化与爱国主义情怀扎根于儿童的心间，让以茶为代表的传统文化真正"活"在当下，由孩子们继承发扬，常学常新，成为我们世代相传的宝贵财富。

浙江大学茶学学科带头人
浙江大学茶叶研究所所长 　王岳飞
浙江省茶叶学会理事长

2023 年 9 月

目录

小茶神与六茶童子

传说很久很久以前，人们常常生病，但没有能治病的药，苦不堪言。部落首领神农氏为了救百姓，决定亲自上山遍尝百草寻药。

一天，神农氏因为误尝毒草，浑身无力。在即将昏过去的时候，他发现身边有一棵散发着清香的植物，情急之下，抓下一把叶子塞到嘴里嚼了嚼，渐渐地，他感觉神清气爽。

为了尽快将这种神奇的植物送到百姓手中，神农氏将其中最有灵性的一棵幻化成一位童子——我——小茶神，给各地百姓送药。

临走前，神农氏送了我一件法器。它是一朵茶花，六瓣不同颜色的花瓣分别代表着人间的绿、白、黄、青、红、黑六类茶。我可以用这朵花召唤掌管六大茶类的六位小茶童。

现在，我们喝的茶，需要经过采摘、萎凋、杀青、揉捻、发酵、干燥等工艺制成。根据制作工艺和发酵程度，茶叶可分为六大茶类：绿茶、白茶、黄茶、青茶、红茶、黑茶。其中，青茶也被称为"乌龙茶"。每一类茶由于产地、气味、口感等不同，又可以细分为很多品种。

 我叫小绿，我的家族成员包括西湖龙井、洞庭碧螺春、黄山毛峰等。（绿茶，不发酵）

 我叫小白，家族有白毫银针、白牡丹等成员，安吉白茶可不是哦。（白茶，微发酵）

 我叫小黄，君山银针是我们家族的名人，它可是中国十大名茶之一。（黄茶，轻发酵）

 我是小青，文山包种、大红袍、铁观音、凤凰单丛都是我家的。（青茶，半发酵）

 我是小红，祁门红茶、正山小种属于红茶家族。（红茶，全发酵）

 我是小黑，湖南黑茶、普洱熟茶、广西六堡茶都属于我们家族。（黑茶，后发酵）

二十四节气歌

　　春雨惊春清谷天，夏满芒夏暑相连，秋处露秋寒霜降，冬雪雪冬小大寒。

　　为了更好地融入百姓的日常生活，我还结识了很多好朋友，他们和我一起运用大自然赐予的神奇力量，造福天下百姓。

立春

竹子是茶的知音

和煦的春风吹来了第一个节气——立春。

"至某时立春，则烧樟叶，燃爆竹，用柰实、黑豆煮糖茗，以宣达阳气。"我吟诵着书里的句子在茶园漫步。

> 这句话讲的是江浙人民立春日喝春茶的习俗。尽管立春时节气温还很低，茶树才刚刚苏醒，但人们已开始呼朋唤友，煮茶同饮了。

在吟诵声中，茶树伸了伸懒腰，迷迷糊糊地揉了揉眼睛，开始苏醒。

"小茶神！我终于见到你啦！"小春笋兴奋地朝我挥手。

我转身一看，笑着说："你好，小春笋！"

眼看又到了分别的时候，小春笋送了我一套竹制茶具。

"小茶神，这是我亲手做的茶具，希望你喜欢。"

"谢谢小春笋！那我就把杜甫的《春夜喜雨》送给你吧，祝你郁郁葱葱，健康成长！"

春夜喜雨

[唐] 杜甫

好雨知时节，当春乃发生。随风潜入夜，润物细无声。
野径云俱黑，江船火独明。晓看红湿处，花重锦官城。

和笋有关的美食

立春过后，一种美味佳肴就会出现在餐桌上，那就是春笋。俗话说"尝鲜无不道春笋"，春笋鲜嫩清甜，是人们餐桌上的常客。各地都有春笋名菜，上海有"腌笃鲜"、浙江有"油焖笋"、广东有"春笋老鸭汤"等。

宋代美食家林洪在《山家清供》这本书中，推荐了一种"傍林鲜"的做法。到了竹笋猛长的时节，在竹林中扫一堆竹叶，生一把火，把刚挖出来的竹笋慢慢煨熟。听竹吃笋，想来就十分风雅。

春笋一旦萌出，将以平均每天 30 厘米的速度疯狂生长，仅仅 6 周时间，就可以长到十几米，成为一竿挺拔高大的翠竹。

春笋长大后就变成了竹子，它全身莹莹如翠玉，修长笔直，人们因为它从不折腰的高洁品性，将它与梅、兰、菊一起誉为**"四君子"**。

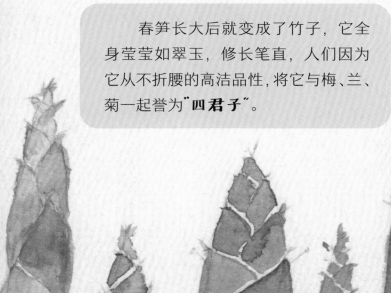

竹制茶具

竹子是制作茶具的一种很好的原料。它分布广泛，制作茶具方便快捷，且不会影响茶叶本身的味道，对人体也不会产生危害。

茶农用来采茶、盛茶的工具，如茶匾、茶篓等，大部分是用竹子做的。人们将茶从茶叶罐取出时，需要用到的茶则，也可以用竹子制成。

竹箬

竹箬，即笋壳，老笋壳经轧软和除尘处理后，就可以做成云南普洱茶的包装了。普洱茶是一种需要"呼吸"的茶。因此，普洱茶的包装材料要透气、轻便、结实、便于运输。用竹箬包裹茶叶，既能起到保护的作用，使茶叶免受污染，又能为茶叶创造很好的后发酵的微环境。

小茶神二十四节气饮食·茉莉芦笋

扫码看视频

　　用"人间第一香"茉莉花茶与阳春破土的芦笋做成的茉莉芦笋鲜香无比。

用料：
芦笋 250 克，茉莉花茶 5 克，青红椒和各种调料适量。

步骤：
1. 用沸水将茉莉花茶泡开，将芦笋切成段并焯水，青红椒切丝。
2. 往热锅中倒油，加入芦笋段与青红椒丝，翻炒后加入泡好的茉莉花茶水，在锅中烹煮片刻后适当调味即可。

雨水

2 月 18、19 或 20 日

水为茶之母

10

趁夜晚万物熟睡，水滴宝宝踏着轻快的步子，悄悄地来了。"滴答，滴答……"她调皮地从这里跳到那里，不时往动物、植物们耳边送去一个个甜蜜又湿润的梦。

"哇，雨水到了！"我推开窗户，兴奋地搓手。

雨水是春天的第二个节气。雨水，顾名思义，是反映降水气象的节气。古书里面写道："雨（去声）水，正月中。天一生水，春始属木，然生木者必水也，故立春后继之雨水，且东风既解冻则散而为雨水矣。"意思是立春到雨水的这段时间，气温明显回升，冰雪融化，降水开始变多。有了水，草木才可以发芽生长。

水是茶树格外重要的朋友，茶园年降水量应为 1300 毫米左右。

水不仅对茶树很重要，它对小朋友们也很重要。春茶嫩叶含水量为 70%~80%，人体含水量也接近这个范围。为了茁壮成长，小朋友们平常一定要记得多喝水哦。

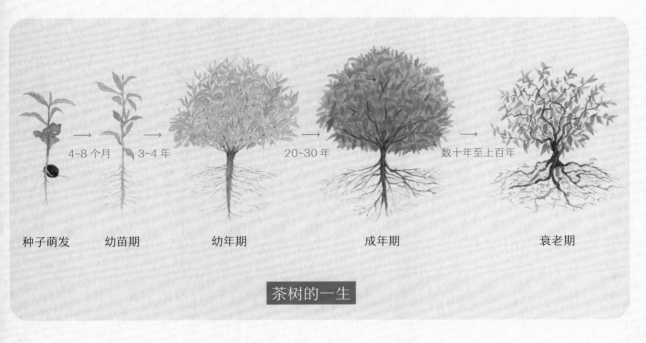

种子萌发　　幼苗期　　　　幼年期　　　　　　成年期　　　　　　衰老期

4~8 个月　　3~4 年　　　　　　20~30 年　　　　　　数十年至上百年

茶树的一生

如果说春茶嫩叶含水量为 70%~80%，那为什么我们平常看到的茶叶是干干的呢？因为茶叶从茶树上摘下以后，要经过许多道制作工序才能变成我们平常喝的茶叶。茶叶的制作过程其实是一个失水的过程，干茶叶的含水量只有控制在 4% 左右才不容易变质。

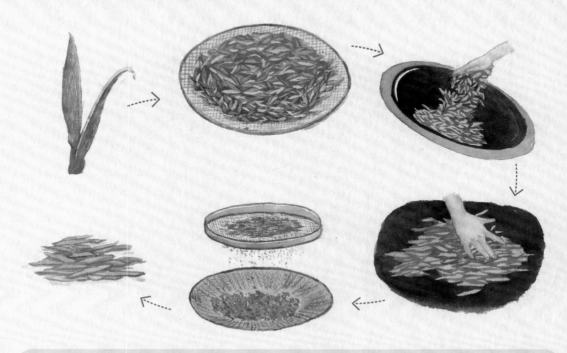

泡茶泉水大 PK

好茶须搭配好水才能泡出更好的风味。我国古代，人们曾以水之轻重衡量水质，轻者为优。清代乾隆皇帝特制银斗，测量各名泉水质，结果发现：北京玉泉水最轻。于是，乾隆皇帝将北京玉泉水定为最好的泡茶用水，称玉泉为"天下第一泉"。但中国历史上，被誉为"天下第一泉"的还有江苏中泠泉、江西谷帘泉、山东趵突泉等。

早春呈水部张十八员外（其一）

[唐] 韩愈

天街小雨润如酥，草色遥看近却无。

最是一年春好处，绝胜烟柳满皇都。

我来到茶园，正巧遇上来看望茶树的水滴宝宝。

这一大清早，茶树还睡得正香，都流口水了。这是好事，睡得好才能长得壮嘛！水滴宝宝决定不惊醒它们了，准备离去。

我跟她道谢："水滴宝宝，谢谢你帮我浇灌了茶园，让茶树们能茁壮成长。"

"不用谢，很高兴能与大家一起度过一段愉快的时光！"

小茶神二十四节气饮食·莓朋友

扫码看视频

雨水时节，天气越来越湿润，饮食上宜少酸多甜，可以多吃草莓这类新鲜的当季水果。漳平水仙属半发酵茶，是乌龙茶中的紧压茶，造型别致，有提神醒脑等作用，滋味醇厚甘爽。

用料：
漳平水仙8克，草莓5颗，寒天晶球、椰果冻、蜂蜜适量，冰块少许，柠檬2片。

步骤：
1.用90°C水冲泡漳平水仙，过滤出茶汤，冷却备用。
2.在调饮杯中放入草莓和冰块，制成草莓冰碎，加入适量蜂蜜。
3.将草莓冰碎倒入杯中，再加入柠檬片、寒天晶球、椰果冻，倒入茶汤即可饮用。

惊蛰

茶园里的隐秘·小·王国

雨水过后，雷震万物苏，蛰伏在地下的小虫子们都惊醒了，纷纷出来活动觅食。

我坐在茶树下唉声叹气："害虫们要是伤害茶树可怎么办呢？"

突然一个脆生生的声音说："别担心，我帮你啊！"

茶树害虫知多少？

①茶尺蠖（huò），伸懒腰是它们标志性的消食动作，与它"吃货"的名号正相配。茶园，是它们大快朵颐的地方。一定数量规模的茶尺蠖能在一夜之间吃光一整片茶园新长出的嫩芽。

②长白蚧（jiè），它们主要吸食茶树汁液。

③小绿叶蝉，是目前我国分布最广、危害最大的茶树害虫。它们喜欢在春季茶树萌芽时出现。被小绿叶蝉"骚扰"的茶树芽叶会出现焦枯现象。但台湾有一种用被小绿叶蝉蚕食过的茶叶制成的东方美人茶，别具一番风味。

他说："小茶神，小茶神，你别难过，自然界自有一套生态平衡法则，害虫出现的时候，它们的天敌也苏醒了呀！"

"原来是茶园小明星翡翠树蛙呀！谢谢你的安慰，也非常感谢你每晚在茶园里巡逻。听说你一晚上就能消灭上百只害虫，你所在的茶园，总是有最健康的土地和水源，口感最棒的茶叶……"

"嘿嘿，不用客气，我们是好朋友嘛！朋友之间互帮互助是应该的呀！"

　　小树蛙欢快地在茶园里蹦跳穿梭。

　　"小茶神，你快来看，这里有鲁冰花！你知道吗？它们不仅长得好看，枯萎后还能变成养料为茶树补充氮元素，让它们茁壮成长呢。你知道鲁冰花的花语是什么吗？"

　　"啊呀！这可难倒我了。"我挠挠头。

　　"是母爱与幸福。家乡的茶园开满花，妈妈的心肝在天涯。夜夜想起妈妈的话，闪闪的泪光鲁冰花……"小树蛙唱着唱着，突然哭了，"小茶神，我好想妈妈啊……"

　　我摸摸他的头，说："小树蛙，不要难过啦……"我安慰了几句后，试图转移他的注意力，便指着茶园说："小树蛙你知道吗，茶树喜欢阴凉的环境，所以总爱和一些高大的树木生活在一起，比如合欢、李树、枇杷、柿树、板栗、银杏、香樟等，这些树可以帮它们遮挡一些阳光。而且这些树的根都扎得很深，不会和茶树争夺水分和肥料。小树蛙，你快看，这里还有马兰头、荠菜呢，我们采一些回去吧！"

　　我们身处的世界，正是茶园里的隐秘小王国，一个刚刚苏醒的神奇微观宇宙，这里既有生死厮杀，也有和平共生，一切，都超乎想象。

小茶神二十四节气饮食·杞菊明目绿茶

惊蛰时节，天气明显变暖，人体内肝阳之气渐升，易口舌干燥，可饮杞菊明目绿茶。

用料：
绿茶 3 克，枸杞 6~8 颗，菊花 2 克。

步骤：
1. 将枸杞、菊花放入较大的有盖杯中，用 85°C 水冲泡，滤出茶汤。
2. 往有盖杯中加入绿茶，倒水冲泡，2~3 分钟后可饮用。

春分

3 月 20 或 21 日

茶香里的花果香

春分是最具春日气息的一天，春季于此被一分为二，这天之前时常春寒料峭，这天之后只剩暖意融融。春分这天，白天和夜晚是一样长的，春分之后，太阳公公便开始慢慢延长自己的工作时间，给万物更多的光照，让它们更好地生长。

每年春分，花仙子会举办一场盛大的舞会，邀请大地上的百花一起跳舞。花儿们为了这一年一度的舞会，早早就开始精心准备了。

我也被花仙子邀请了，得带点礼物给花儿们才好。

来到舞会现场，花儿们已经开始轻歌曼舞了，流水为她们伴奏，白云跟着她们一起摇摆，轻风扬起美丽的花瓣。这情景，真是美不胜收！

你听，那是什么声音？原来是黄莺啊，它正脆生生地吟唱着《春日》。

春日

[宋] 朱熹

胜日寻芳泗水滨，无边光景一时新。
等闲识得东风面，万紫千红总是春。

我一边欣赏美丽的风景，一边泡茶。

不一会儿，清香弥漫，跳累了的花儿们纷纷围过来，七嘴八舌地问："小茶神，这是什么茶呀？"

18

我说："各位花儿姐姐们，这种茶是在果树中间长大的，你们猜猜！"

"是什么？是什么？"花儿们急切地问。

桃花和玉兰花互相看了一眼，说："洞庭碧螺春？"

"对，就是它！"我说。

"是那个闻名遐迩的洞庭湖吗？"花儿们问。

"不是哦，洞庭碧螺春产自江苏苏州太湖边上的东洞庭山和西洞庭山。那里湿润多雨，茶农们将茶树与枇杷、桃、李等果树交错种植，茶树在生长过程中就能吸收花香和果香。"我解释道。

"原来是这样！"花儿们早就想尝尝这茶了。

品完茶后，她们赞不绝口，千叮咛万嘱咐，让我明年多带点茶来。

1991.4.24
中国茶叶博物馆正式建成开放

龙 井 路
Longjing Rd
《《 西 W E 东 》》

洞庭碧螺春冲泡方法

冲泡洞庭碧螺春最常用的是"上投法"，即"先水后茶"，先往水杯中倒入热水，倒七分满，再拨入茶叶。

碧螺春茶身上有很多毫毛，先倒水后放茶可以让茶汤更加清澈。茶叶渐渐沉下去后，能发现茶汤表面浮着许多细小的毫毛，再等待一两分钟，就可以喝了。

小茶神二十四节气饮食·玫瑰柠檬红茶

扫码看视频

春分时，来一杯清甜芳香的玫瑰柠檬红茶，让人心旷神怡，通体舒畅。

用料：

红茶5克，玫瑰干花2朵，柠檬数片，蜂蜜、冰块适量。

步骤：

1.用200毫升80~90°C水将红茶和玫瑰干花泡开，过滤出茶汤，冷却备用。

2.在冷却的茶汤中放入柠檬数片，再加入适量的蜂蜜和冰块即可。

清明

藏在油菜花里的·小·秘密

清明

[唐] 杜牧

清明时节雨纷纷，路上行人欲断魂。
借问酒家何处有？牧童遥指杏花村。

什么样的西湖龙井茶最好？

最好的龙井茶叶是采摘于春分后、清明前的第一批嫩芽，形状饱满、大小均匀，"一芽一叶初展，扁平光滑"。

春天的茶山会笑。满耳都是采茶女的欢声笑语，满眼都是掐得出水的嫩绿。从春分起，我便跟着采茶女忙进忙出，上山看采茶，下山看制茶。

最近几天都下着淅淅沥沥的小雨，正所谓"清明时节雨纷纷"啊。我缩了缩脖子，这雨天有点儿冷，好想喝口热乎乎的西湖龙井啊。

我想起张伯说要请我喝"头口鲜"的，这就去找他。

喝了"头口鲜"，张伯又给我出了几道关于茶的题目，前两道我都答对了，第三题"什么养料才能种出最好喝的西湖龙井茶？"可把我难住了。张伯叫我去问问油菜花小哥哥。

雨终于停了，天渐渐放晴，我坐船去找油菜花小哥哥。一路上，看到很多人在山里扫墓、踏青，油菜花田里，小朋友们探头探脑地钻来钻去。

瞧，那个正招手的不就是油菜花小哥哥嘛。

"油菜花小哥哥，我们又见面啦！这是今年的西湖龙井。"我递给他一包新茶。

"小茶神，你终于来了。我去年寄给你的菜籽油你吃完了吗？"他问。

24

"已经吃完了，小哥哥，菜籽油真是太香了！"

"油菜全身都是宝，就连榨完油留下的那些菜籽饼用途也可多了。可以粉碎了与食物拌在一起，喂鸡、喂鸭，或者与面粉调和在一起，作钓鱼的饵料；还可以发酵后制成肥料，养花或是给庄稼施肥。你送给我的这包茶这么香，说不定也'吃'过菜籽饼呢！"

"原来如此！难怪张伯让我来请教你呢。小哥哥，今年你能把榨油剩下的菜籽饼给我吗？我拿去给茶树加个餐！"

"没问题。他们可喜欢吃这种肥料了！不过你埋菜籽饼时记得埋深一点，至少15厘米，不然老鼠闻到香气可能会来偷吃呢！"

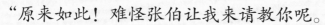

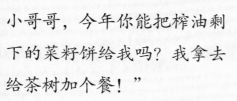

小茶神二十四节气饮食·氧气龙井

若是喝腻了水果茶，可以试试茶与气泡水的组合，传统茶与小气泡的碰撞也是一次舌尖上的享受。

用料：
明前龙井 5~8 克，乳酸菌饮料 20 毫升，气泡水 100 毫升，冰块适量。

步骤：
1. 用 80°C 水冲泡明前龙井，过滤出茶汤，冷却备用。
2. 在杯中放入冰块，倒入 100 毫升茶汤、100 毫升气泡水和 20 毫升乳酸菌饮料即可。

扫码看视频

25

谷雨

雨生百谷，与春再见

谷雨是春天的最后一个节气，此时气温快速回升，霜雪已断，寒潮已无，农民插上秧苗，作物因为得到了丰沛的雨水，茁壮成长。节气名"谷雨"，表达了劳动人民"雨生百谷"的心愿。

谷雨时节樱桃红熟，我和虾小侠一起坐在树下吃樱桃、喝谷雨茶。

虾小侠只喜欢吃甜甜的樱桃，遇到酸樱桃总是吐出来不吃。

我说："酸酸甜甜，其实各有滋味，就像人生一样，有晴有雨，有喜有悲。酸、甜、苦、辣，每一种滋味都会出现在你的生命里，你要学会接受。当然，这并不意味着你一定要喜欢某种味道。如果你不喜欢，就去努力寻找其他味道。"

虾小侠托着下巴说："小茶神，我想我有一点明白你的意思了。我们要学会接受生活中自己不喜欢的，但可以努力追求自己喜欢的，对不对？"

明前茶、雨前茶、谷雨茶

清明和谷雨都是茶事生产中的重要时间节点。

清代乾隆皇帝在《观采茶作歌》中提到"火前嫩，火后老，惟有骑火品最好"。古人在寒食（清明节前一二日）这天禁烟火，只吃冷食，清明节改新火，故"火前"就是"明前"，"骑火"即正清明，"明前茶"即清明节前采制的茶叶，品质最佳。

谚语说"清明见芽，谷雨见茶"，说的是清明时节能见到茶树长出的幼嫩茶芽，谷雨时，小芽长成了鲜叶。清明至谷雨期间采制的茶，就是"雨前茶"。

对于茶农来说，谷雨不仅是一个节气，更是一个节日。许多茶区都流行谷雨时节采鲜叶制成"谷雨茶"。明前茶虽然上市早、价格高，但茶农更喜欢喝谷雨前后的茶，尤其是谷雨那天的茶，可清火、明目等，甚至有"有病可以治病，无病喝了防病"的说法。当然，这是夸张的说法。茶叶行家们说出的理由更能让人信服一些：一是谷雨茶受气温影响，发育充分，叶肥汁满，汤浓味厚，远比明前茶耐泡；二是谷雨茶价格实惠，物有所值，符合老百姓的消费水准。

1

2

3

4

小茶神二十四节气饮食 · 龙井虾仁

龙井点缀在玉色的虾仁中，色泽翠碧，形如雀舌扁舟，馥郁清香恰好衬托虾仁的鲜，使这道名菜既好看又好吃。

用料：
河虾仁 250 克，龙井茶叶 5 克，鸡蛋 1 个，淀粉、盐适量。

步骤：

1. 将河虾仁洗净沥干水分。

2. 加入蛋清、适量淀粉和盐腌制 1 小时。

3. 龙井茶叶用开水泡开，备用（或直接取龙井茶鲜叶备用）。

4. 热锅里倒入油，放入虾仁、龙井茶叶，迅速颠炒半分钟即可出锅。

立夏

鸡蛋在茶汤里打了个滚

30

在布谷鸟催耕的歌声里谷雨很快就走了，接着出场的是立夏。立夏一来，气温升高，雨水也更多了，人们习惯把立夏当作告别春天、迎接夏天的分界线。此时农作物进入生长旺季，"立夏三日茶生骨"，茶叶的老化速度也加快了。

茶园里蓬勃生长的除了茶树，还有各种杂草，"一天不锄草，三天锄不了"。为了犒赏茶农们的辛勤劳作，我找来了好朋友蛋蛋，又召唤出小红茶："绿青白红黄黑，六大茶类红茶现。喉吻润，破孤闷，两腋习习清风生。"

小红茶看着我和蛋蛋热切的眼神，瞬间明白了自己的任务——做茶叶蛋。

没等我多说，蛋蛋和小红茶便开始行动起来。蛋蛋先取来一些鲜鸡蛋，洗干净放进装了水的炖锅，待蛋煮熟后，敲碎蛋壳，然后小红茶拿出珍藏的茶叶包丢进炖锅，再放入一些调料。随着水温升高，山泉水慢慢变得红彤彤的。

"蛋蛋，你知道为什么立夏这一天要吃茶叶蛋吗？"我问。

"我知道，立夏吃了蛋，热天不疰（zhù）夏。"

小红茶迫不及待地说："小茶神，小茶神，我还知道迎夏仪式……"

蛋蛋不甘示弱，分享了民间吃豌豆饭、甜酒酿等的习俗，小红茶讲了称重、七家茶的故事，二人你一句我一句，说得不亦乐乎。

说话间，锅里咕噜咕噜冒着泡，空气中溢满浓郁的茶香蛋香味。我说："尝鲜吃新，蕴含着大家对美好生活的向往和祈愿，祈求一家老小健康无恙，顺利度过炎热的夏天。我们也赶紧开吃吧！"

蛋蛋、小红茶一人捞出一个茶叶蛋尝了尝味道，纷纷竖起了大拇指。

茶农们品尝了新鲜出锅的茶叶蛋后，干活更有力气了，不一会儿就把草锄得干干净净。

赠人玫瑰，手有余香。蛋蛋、小红茶和我都感到非常快乐。

迎夏仪式

在古代，立夏这一天要举行隆重的迎夏仪式，祈求丰收。君臣都穿着朱红色的衣服，佩戴朱红色玉佩，连马匹、车舆、车旗都是朱红色的。

立夏斗蛋

立夏时，人们会把煮好的带壳的蛋放进彩色网袋，挂在孩子胸前，小娃娃们便三五成群聚在一起斗蛋。鸡蛋尖为头，圆为尾，斗蛋时头碰头，尾碰尾，破损的就算输了。这样逐一斗过去，分出高低。蛋头胜者为大王，蛋尾胜者为小王，很是有趣。

吃七家茶

"不饮立夏茶，一夏苦难熬。"杭州有立夏吃七家茶的习俗。据传该习俗源自北宋，后来随着宋室南迁传到了杭州。立夏这一天，每家每户都要烹煮新茶，再搭配各色水果、糕点，赠送给左邻右舍，表示友好和相互关照。有些人还会在茶叶中加入花草，如茉莉、蔷薇、桂蕊等一起煮，煮好后再用瓷碗盛上茶汤。据说茶叶蛋就是由七家茶延伸演变而来的。立夏时节鸡蛋产量大，于是人们把鸡蛋放入吃剩的七家茶中炖煮，发现异常美味，后来又慢慢改进制作方法，在茶叶的基础上添入茴香、桂皮等调料。

立夏吃蛋

从立夏起，天气渐渐炎热，许多人特别是小孩会有身体疲劳、四肢无力的感觉，食欲减退，逐渐消瘦，称之为"疰夏"。传说女娲告诉百姓，每年立夏之日，小孩的胸前挂上煮熟的鸡鸭鹅蛋，可避免疰夏。因此，立夏吃蛋的习俗一直延续到现在。

小茶神二十四节气饮食·大红袍茶叶蛋

扫码看视频

红茶适合煮茶叶蛋，但武夷大红袍（青茶）煮的茶叶蛋蕴含浓郁的岩茶香，也别有一番风味。

用料：
鸡蛋 10 个，大红袍茶叶 8 克，酱油适量。

步骤：
1.将鸡蛋洗净后煮熟，稍微过冷水后，将蛋壳逐个敲碎，以便入味。
2.用炖锅煮一锅水，沸腾后放入大红袍茶叶，加入酱油（也可加入八角、桂皮等香料），将鸡蛋放入炖锅。
3.小火焖煮 30 分钟，关火后，让其自然冷却焖卤一夜，食用前加热一下即可。

小满

5 月 20、21 或 22 日

茶树也爱戴"帽子"？

小满之后，茶叶味道变得越来越苦涩了，民间有"立夏茶，夜夜老，小满过后茶变草"的说法。

"小满者，言物长于此，小得盈满。"小满时节，阳光充足，温度升高，降水增加，北方的小麦正在灌浆，开始饱满，但未完全成熟；南方降水日益丰盈，水稻可以承接雨水的润泽，江河日渐涨满，因此有"小满大满江河满"的说法。

小满是收获的前奏，麦浪在初夏的风里翻滚出青绿色的线条，麦香在空气中弥漫。农人在田间地头插秧，送蚕宝宝"上山"结茧，榨制香喷喷的菜籽油……

油菜花小哥哥没忘记约定，为我送来了他收集的菜籽油渣渣。为茶树存好肥料后，我准备帮茶农伯伯们采摘一批特殊的茶叶。

"搭茶棚，遮阳光，抹茶鲜绿海苔香。"这批茶叶是要用来制作抹茶的。

　　"咦，蚕宝宝，好久不见！你不是要结蚕茧去了吗？"

　　"小茶神，我是来向你预订抹茶粉的。抹茶粉和普通绿茶粉有什么区别呢？"

　　"抹茶粉的特点是鲜甜、持绿、有海苔香。抹茶制作工艺起源于我国隋唐时期，到宋朝时发展为茶宴，但在日本被发扬光大。制作它有三大秘密武器哟。第一就是你刚刚看到的对茶树遮阴覆盖，这样可以增加茶叶中叶绿素和氨基酸的生成，降低苦涩味，并形成独特的海苔香，提升茶的鲜爽感。第二就在于独特的加工工艺——高温蒸汽杀青。原理就跟家里蒸馒头、蒸包子一样，湖北的恩施玉露就是蒸青绿茶。"

我略清了清嗓子，蚕宝宝可等不及了，一个劲地催："快说快说，第三呢……"

"第三个秘密武器就是一个字：碾。经过蒸汽杀青后的茶叶，采用低温烘干的方法，尽可能保持它的绿色，再用石磨一遍一遍地碾碎、碾细。抹茶的细腻程度一般用目数来衡量，目数越大越细腻。"

"哇，好棒呀！我迫不及待地想要，我们全家都很喜欢。"蚕宝宝说。

"好的，我帮你预留一大罐最新鲜的抹茶粉。抹茶粉不但可以做糕点，还可以'点茶'哦。对了，其实你平常吃的桑叶也可以磨成粉，和抹茶混合做成桑抹茶，味道也很不错呢！"

"哇，好棒啊！那等抹茶粉到了，我就制成桑抹茶和你一起分享。"

制作抹茶的茶叶有什么特殊之处？

在茶树嫩梢的第二片叶子刚要展开时，为了避免阳光直射，茶农们会给茶树搭设一个棚架，上面覆盖黑色的遮阴网（遮盖率可达90%以上）。戴着酷酷"黑帽子"的茶树继续在棚架下生长20天左右就可以采摘啦！

为什么安吉白茶不属于白茶类，而属于绿茶类呢？

我们平常说的六大茶类是根据制作工艺，而不是茶叶的颜色划分的。茶树有时候是会变异的，一棵绿色的茶树可能会产生不同颜色（如紫色、白色、黄色）的茶芽，这是一种正常的现象。安吉白茶就是一种珍稀的变异茶，它在春季发芽的时候是白色的，采摘、加工、制作也在白化期间进行，但从制作工艺来说，它采用的是绿茶加工工艺，属于绿茶类。除了安吉白茶外，云南的紫娟茶、浙江的黄金芽等也是珍稀的变异茶。

安吉白茶

云南的紫娟茶

浙江的黄金芽

小茶神二十四节气饮食·青瓜甘露

扫码看视频

淡淡的瓜果香，淡淡的茶香，啜上一口，风味轻盈、清爽、鲜甜，给人一种沁人心脾的感觉。

用料：

蒙山茶 5 克，黄瓜 1 根，薄荷 2 克，蜂蜜和冰块适量。

步骤：

1.在杯中放入蒙山茶、薄荷，用 85℃ 水冲泡，过滤出茶汤，冷却备用。

2.黄瓜去皮切块，加适量蜂蜜捣成黄瓜泥，倒入茶汤摇匀。

3.在杯中放入冰块，倒入上一步制好的半成品即可。

芒种

在麦香中唱起希望的歌

芒种是二十四节气中最繁忙的节气，"芒种芒种，忙收忙种"。此时，茶树长势很旺，叶片颜色逐渐加深，老化速度逐渐加快。绿茶采制工作已经告一段落了，而乌龙茶、普洱茶产区的茶农们还在进行春茶的拣梗复烘和夏茶的采制准备工作。

窗外蛙声一片，雨势渐大，我坐在窗边烧水煮茶。

浑身湿透的小黄梅站在门口说："小茶神，不好意思我来晚了。"

我忙把她请进来，边把她的衣服变干边说："没关系。你快喝杯热茶暖暖身子吧！"

小黄梅深深嗅了一口，问道："好像有种焦熟的麦子香味，这是什么茶？"

"这是大麦茶。大麦茶其实是'非茶之茶'，是把大麦炒制后用热水冲泡或者煮成的一种饮品。大麦茶是在中国、日本、韩国等地广泛流行的传统清凉型饮料，可以清热解暑健脾，非常适合夏季饮用。而且它不含茶碱、咖啡因、单宁等物质，不会刺激神经和影响睡眠……"

小黄梅抱着茶杯连喝几口，说："刚刚淋了一身雨，现在喝这个大麦茶，感觉全身都暖暖的，好舒服。"

"当然啦！大麦茶有祛湿的功效。芒种一过，江南就要迎来梅雨天气了，这时候喝大麦茶就挺好。"我说。

"除了大麦茶，还有什么茶比较推荐在夏天喝呢？"小黄梅问。

"绿茶，能去火，且富含氨基酸。或者白茶，可预防中暑和扁桃体发炎。老人喝茶如果觉得寒凉，可以加两颗枸杞或者适当减少投茶量。"

小黄梅弱弱地问："如果喜欢喝冷饮怎么办……"

我严肃地说："非常不建议小朋友饮用冷的饮料哦。"

"可是，夏天喝冷饮更解渴吧。"小黄梅低着头，边手指对手指边说。

"并不是这样哦，其实喝热茶清凉降火的效果更明显。热茶能促进人体分泌汗液，使大量水分通过皮肤表面的毛孔渗出，散发热量……而冷饮其实只能短暂地给人体降温，并不能真正解渴。"

小黄梅听得连连点头。

我们又交谈了一会儿，小黄梅该走了，我送给她一饼老白茶。

小黄梅感激地说："谢谢！我一定和家人朋友好好分享它。"

大麦和小麦的区别

①大麦的芒很长，和麦穗长度差不多，小麦的芒相对较短。②大麦的外壳很难剥下来，小麦的外壳较易脱落。③大麦一般作啤酒的原料，或者饲料，小麦主要用于加工成面粉。④大麦的收获期比小麦早。

大麦

小麦

茶叶贮藏方法

绿茶、黄茶一般要密封保存，若是将其存放在瓦缸或罐里，梅雨季要及时查看并替换缸罐中的生石灰、木炭这类用来吸潮的物质。也可将茶叶分成小包装，密封后放入冰箱冷藏（0~5℃）。红茶、青茶可以选用干净的瓷罐、陶罐、铁罐密封保存。白茶、黑茶可以存放在温度 25℃ 左右、湿度 50% 以内，阴凉通风无异味的室内。

扫码看视频

小茶神二十四节气饮食·梅子绿茶

在南方，芒种节气正逢青梅成熟。青梅含有多种天然优质有机酸和丰富的矿物质，新鲜的梅子大多味道酸涩，难以直接入口，加工后方可食用。

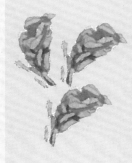

用料：
绿茶 5 克，话梅 2 颗，蜂蜜适量，冰块少许。

步骤：
用 80°C 水将绿茶和话梅泡开，滤出茶汤，再加入蜂蜜与冰块即可饮用。

夏至

茶园里的"战斗鸡"

夏至是北半球一年中白天最长、夜晚最短的一天。夏至前后，茶农们有两件烦心事：一是杂草；二是害虫。

于是我召唤了我的好朋友——茶园鸡！

中午，阳光猛烈，蝉鸣阵阵，我和茶园鸡待在一株浓密的茶树下昏昏欲睡。突然，茶园鸡双眼一睁，向前方一个飞扑。"嘿嘿，有口福了！"茶园鸡捧着一只大虫子，幸福地眯着眼傻笑。

我也帮茶园鸡找寻起来。"快看，这边好多虫子！"

我一边给茶树捉虫，一边呼唤茶园鸡。

茶园鸡叼着虫子跑过来："小茶神，我们一起烤虫子吃吧！"

"呃……虫子还是你吃吧，我帮忙抓虫子、烤虫子好了！"

茶园养鸡好处多

茶园养鸡是一种先进的放养模式。

首先，可以降低养鸡的成本。茶园里有野草、害虫等，可供鸡自由觅食，"荤素搭配"；有砂砾，能很好地帮助鸡消化。

其次，意味着一个小型生态群的建立：茶园为鸡提供天然饲料，鸡又为茶树供给最好的天然肥料——鸡粪。

最后，茶园鸡在觅食的过程中，增加了运动量，强化了体质，可减少发病率，提升营养价值和品质。

夏季茶园里为什么有一块块"黄板"？

"黄板"是诱虫板。这是一种环保便捷的病虫害防治技术，原理就是利用昆虫的趋色性，在茶园安置涂了黏虫胶的"黄板"，引诱昆虫，使它们被粘住，从而达到除虫的目的。

扫码看视频

小茶神二十四节气饮食·茶香手撕鸡

茶香手撕鸡口感清爽，味道鲜香，是夏至时节增强食欲的不二之选。

用料：
鸡腿2个，铁观音10克，姜等各种调料适量。

步骤：
1.将鸡腿洗净、焯水。
2.锅里倒油，放入姜片爆香，放入鸡腿和各种调料，加开水和铁观音茶叶。盖上锅盖，煮20分钟。
3.将鸡腿捞出，冷却后用手把鸡腿撕成小块摆盘。

小暑

消暑的荷叶茶

常言道，"小暑大暑，上蒸下煮"。

小暑意味着三伏天即将开始。三伏天是一年中气温最高的日子，比较闷热、潮湿，人们在这段时间常常会感觉食欲不振、头昏脑涨。

"救命！救命！"

我正躺在碧玉盘一样的荷叶上休息，突然被呼救声惊醒。原来是几个孩子在水边嬉戏打闹，其中一个小男孩不小心掉进了水里。他不会游泳，喝了好几口水，眼看就要沉下去了。其他孩子在岸边急得直打转。

我召唤小荷叶，轻轻地托起了小男孩。

"小朋友，水边虽然好玩，但非常危险，来水边玩一定要让大人陪着啊。"小荷叶微笑着说。

"谢谢小荷叶和小茶神！我们以后一定注意安全！"孩子们异口同声地回答。

孩子们离开水边后，我打趣小荷叶："你们家族真厉害！荷花、荷叶清洗晾干后泡茶，是夏季解暑佳品，荷花能清热解毒，荷叶能清暑利湿；莲心虽苦，但营养价值高，用来泡茶可以去火安神；莲藕也可以做成多种美味佳肴……"

　　"哈哈哈，那是当然啦！"小荷叶自豪地摇摆起身子。

　　"对啦，荷花、荷叶还很好看，天下赏荷胜地数不胜数……"

　　小荷叶兴奋地接上我的话头："对呀，杭州西湖、济南大明湖、北京颐和园、南京玄武湖、苏州拙政园、扬州瘦西湖等都是很不错的赏荷去处。我最推荐杭州西湖，因为西湖不仅有山水之美，还有人文之美，白居易、苏轼、柳永、杨万里等著名诗人都盛赞过西湖的荷花。但其实赏荷也不必刻意追求名胜之地，这些地方虽然荷花数量众多、品种丰富，但往往太过热闹，反倒失去了静观之境。荷花不管在哪儿都美丽清香，大可随遇而观。"

　　"我明白了，小荷叶！真正美好的东西不管处在什么境地都不会被掩埋，这和'是金子总会发光'是一个道理！"

冷泡茶冲泡方法

冷泡茶有独特的香气和滋味，冰冰凉凉的，很适合夏天。不过，制作冷泡茶需要多准备一点茶叶，也可以用专门的冷泡茶包。

如果你喜爱绿茶的清新，可以把绿茶放入矿泉水中，大概等待半个小时就可以享用了！如果你偏爱红茶的甜醇，冷泡可以让你感受得更深切。如果你想要乌龙茶或生普的口感，可先将茶叶用沸水冲泡一会儿，让茶叶舒展，茶汁浸出，再加入矿泉水。

扫码看视频

小茶神二十四节气饮食·多彩茶冻

小暑已至，天气变得潮湿又闷热，人也变得怠惰没食欲。不妨试试这款多彩茶冻。

用料：
红茶5克，抹茶粉3克，白糖适量，白凉粉6~10克。

步骤：
1.分别用150毫升开水冲泡红茶、抹茶粉，滤出茶汤，加入适量白糖调味。
2.在深红、深绿色茶汤中各放入白凉粉3~5克，充分搅拌。
3.搅拌好后，分别倒入不同的容器中静置凝固，也可放入冰箱冷藏片刻，风味更佳！

大暑

好一朵美丽的茉莉花

50

小暑之后，便是大暑。"大者，乃炎热之极也。"

大暑是一年中最热的节气，大地仿佛被架在火炉上炙烤，酷暑难当。

夜幕降下后暑热终于消除些许，月亮高高地挂在天空，萤火虫飞舞，蛙叫蝉鸣，我和小茉莉坐在草地上欣赏这美好的夜景。

"小茉莉，今年的茉莉花茶该开始制作了吧？你打算用龙井还是黄山毛峰做茶坯？"我问。

"往年多是用绿茶，今年我们不如尝试一下红茶和青茶吧！"小茉莉说。

我点点头，说："没问题！'窨（xūn）得茉莉无上味，列作人间第一香'，小茉莉，你是怎么做到让那么多人都喜欢你的啊？"

小茉莉羞涩地笑了笑，说："因为我不仅香气浓郁，适合做花茶和香精，而且有理气开郁、辟秽和中的功效啊。香气是我的外在，功效是我的内在，内外兼修，往往更容易获得青睐！"

"小茉莉，我也要向你学习，做个内外兼修的人！"

什么是花茶？

　　我国是世界上最早利用植物香气窨制茶叶的国家。花茶属再加工茶类，是将茶坯和吐香的鲜花拌和在一起，利用茶叶的吸附性能，吸收花香，再将花渣筛除，烘干后制成的。理论上六大茶类都可以作为窨制花茶的原料，常用来制作花茶的是绿茶、红茶、青茶、白茶。可用以制作花茶的鲜花原料为茉莉花、玫瑰花、桂花、玉兰花、珠兰花、柚子花、栀子花等。另一种"花茶"即花草茶，其实是一种"非茶之茶"，冲泡的是各种花的花蕾或花瓣。

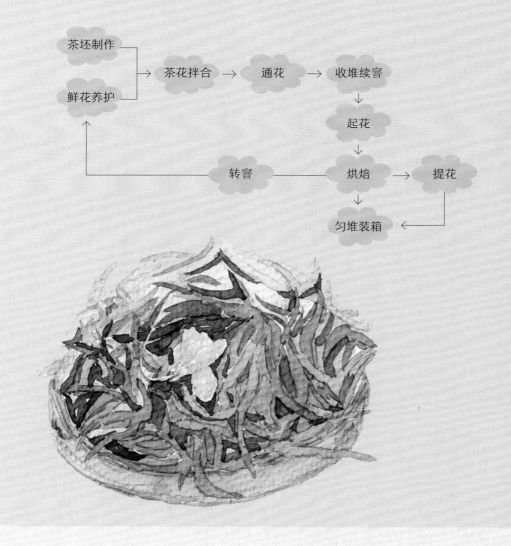

气质花和体质花

目前，我国常见的茶用香花有茉莉花、玫瑰花、桂花、白兰花、代代花等，按其鲜花吐香特性可分为气质花和体质花两大类。

气质花，所谓"气质"跟形象无关，是指鲜花内的芳香油会随着花的开放而逐渐形成与挥发，刚开放时香气最浓，未成熟的花蕾香气较少，而已开过的花，芳香油挥发完就无香气了，所以一般在白天收集这类花的花骨朵，等到晚间花朵开放时投入生产。气质花有茉莉花、兰花、梅花、蜡梅花等。

体质花，芳香油以游离状态存在于花瓣中，即花朵在未开放时到开放后都有香气，使用这类香花就不必在意花朵的开放时间了。体质花有桂花、白兰花、珠兰花、代代花等。

小茶神二十四节气饮食·茉莉百香茶饮

扫码看视频

炎炎夏日，暑气生发，芳香四溢的茉莉花茶搭配酸香可人的百香果，喝上一口，满嘴生香。

用料：
茉莉花茶 5 克，百香果 1 个，柠檬 2 片，冰块、蜂蜜少许。

步骤：
1. 用 200 毫升 90° C 水将茉莉花茶泡开，冲泡时间约 3 分钟，过滤出茶汤，冷却备用。
2. 将百香果对半切开，果肉倒进杯中，加入柠檬、冰块和少许蜂蜜，将冷却的茉莉花茶倒入杯中混合即可。

立秋

茶的甜蜜伴侣

8月7、8或9日

54

立秋有三候：凉风至，白露降，寒蝉鸣。

我国地域辽阔，立秋到来之时，大部分地区天气仍然炎热，凉爽并未真正到来。

有一句在茶区广为流传的谚语，叫"七挖金，八挖银"，立秋时节，茶农们在茶园里热火朝天地开展秋耕。我也手握锄头，头戴草帽，加入他们的队伍。茶园秋耕的目的是改善土壤的通气透水条件，再结合施肥，使秋梢（即茶树在秋季形成的新梢）长得更好。

小甘蔗妹妹端来一盘甘蔗，我拿起一根就咬了起来。

"今天的甘蔗可真好吃！我最喜欢吃甘蔗啦。"

"小茶神，今年的甘蔗长得可好了，肯定能大获丰收。真高兴呀！真高兴！啦啦啦！"

穿着草裙的小甘蔗开心地跳起了舞。

"对了，小甘蔗，你知道哪些国家的人喝茶喜欢放糖吗？"

"我知道我知道！"小甘蔗急道，"除了中国、日本、韩国人喜欢'清饮'外，世界上大部分国家和地区（如英国、摩洛哥、埃及、伊朗）的人喝茶时都喜欢放糖。除了往茶里加糖，他们还喜欢加牛奶、柠檬、薄荷等调味品，这种往茶中加其他东西的喝茶方式叫作'调饮式'。"

方糖

"小甘蔗你真厉害。饮食是文化交融的重要窗口，产自中国的茶叶曾经跨越万水千山到达日本、印度、斯里兰卡、俄罗斯等国家和地区，各地的人们按照自己的生活习惯将其改造加工，形成了自己独特的饮茶文化……"我说。

"小茶神，为什么世界各地的人都爱喝茶呢？"小甘蔗好奇地问。

"因为茶不仅有令人沉醉的香气和滋味，而且可以消除疲劳，使人神清气爽。喝茶还可以防止胆固醇升高、抑制病菌，茶好喝又健康，当然人见人爱啦。"

中国（原茶叶）　美国（速溶茶）　英国（英式红茶）　德国（花草茶）　北非（薄荷茶）

土耳其（苹果茶）　　日本（抹茶）　　俄罗斯（甜茶）　印度（奶茶）

各国饮茶习俗千姿百态

中国四大茶区

我国幅员辽阔，茶叶品种也很丰富。我国有四大茶区，分别是江南茶区、江北茶区、华南茶区、西南茶区。其中，江南茶区是中国名茶最多的茶区，是绿茶的主产区，同时还出产红茶、青茶、黑茶等。

甘蔗其实是"草"?

甘蔗是"甜蜜的草",是一种多年生的实心草本植物。世界上有一百多个国家出产甘蔗。甘蔗是中国制糖的主要原料,而糖是人类必需的食用品之一,也是糖果、饮料等食品工业的重要原料。甘蔗在中国有着很好的寓意,《辞海》中就有"蔗境"一词,寓意老来幸福或处境逐渐好转。

小茶神二十四节气饮食·鸭屎香双柠茶

鸭屎香是凤凰单丛的一种,属于青茶,因所栽种的土壤而得名。鸭屎香双柠茶,超绝的茶香配上柠檬果香,啜上一口,整个口腔香气四溢。

扫码看视频

用料:
鸭屎香5克,青柠檬1个,黄柠檬1个,冰块、蜂蜜适量。

步骤:
1. 用200毫升沸水冲泡鸭屎香,5分钟后滤出茶汤,冷却备用。
2. 将两种柠檬切片放入杯中,加入冰块,制成柠檬冰碎,加入适量蜂蜜,再倒入茶汤即可。

处暑

8 月 22、23 或 24 日

清凉薄荷与茶搭

处（chǔ），止也。处暑，就是说暑气至此而止。处暑的登场意味着凉爽的秋意渐次抵达，但夏季的热浪往往不肯罢休，常常要杀个回马枪，人们把立秋以后仍然炎热的天气叫作"秋老虎"。

处暑时节，农民伯伯们忙着摘棉花、收割高粱，看着他们满头大汗的辛苦模样，我和小薄荷很是心疼，决定泡一大壶薄荷茶，给农民伯伯们消消暑、降降温。

薄荷叶泡的茶水具有祛风散热、利咽、透疹作用，也能舒缓感冒伤风和头痛，是一种温和的镇静饮料，很适合处暑节气饮用。

冲泡薄荷茶并不是一件难事，只需要准备一碟薄荷叶、一小罐绿茶，用沸水冲泡后再加一些蜂蜜就大功告成啦！

泡完茶，我和小薄荷立即抱着大茶壶去农田。看着农民伯伯们喝完茶后舒爽的样子，我和小薄荷特别有成就感。

送完茶后，我和小薄荷坐在田间地头，看夕阳西下，看万家灯火亮起，星空浩瀚，四下静寂。

"阿嚏——"我突然打了个喷嚏。

"小茶神，这段时间白天热，早晚凉，昼夜温差大，晚上记得多穿点衣服，不然容易伤风感冒的。来，你也喝一碗薄荷茶吧！"

"好！谢谢
小薄荷！对了，小
薄荷，做薄荷茶用
的是绿茶，那你
应该很少见到红茶
吧？"

"确实是这样
呢，我和红茶见面
的机会并不多，你
可以跟我讲讲红茶吗？"

"当然可以！制作红茶，第一步也是采摘茶叶，高品质的
红茶通常采摘一芽二叶到三叶，且叶片的老嫩程度最好一致。
第二步叫作萎凋，就是要将采摘下来的叶片，在室内均匀摊开
静置一段时间，使茶叶的水分通过挥发缓慢减少，让茶叶变得
柔软容易揉捻，同时茶叶也会在水分散失的过程
中逐步发生化学变化。第三步就是刚刚所说的
揉捻，一般会用手工或机器加以揉搓揉制，
这样做一方面可以破坏茶叶的组织，使
茶叶的内含物质与芳香释放到茶叶的
表层，以便在未来冲泡时可以将其
迅速溶解在水中；另一方面，
揉捻使茶叶紧卷成型，便于

包装与保存。揉捻的方式和力度不同，也会使茶叶形成风味上的差异。接下来就是发酵了，将揉捻好的茶叶铺开，在湿润的空气中摊放数小时发酵，使茶叶在空气中氧化，红茶的色泽与香气就形成了。最后，将茶叶高温烘干，以停止发酵并去除水分。之后便可以进行筛选、拼配，包装上市了。"

"原来是这样啊！我明白了。"

小茶神二十四节气饮食·薄荷观音果缤纷

扫码看视频

一杯让人口舌生津的薄荷观音果缤纷可以消散暑意，让我们感受到秋的凉爽。

用料：
薄荷叶 2 克，铁观音 5 克，蜂蜜适量，时令水果若干。

步骤：
1.用沸水冲泡铁观音茶，温度稍降后加入薄荷叶，稍后滤出茶汤，冷却备用。
2.时令水果切好，放入杯中，加入冰块，倒入茶汤即可。

白露

9月7、8或9日

润肺清燥雪梨茶

白露时节，天气转凉，夜里空气中的水汽遇冷凝结成细小的水滴，非常密集地附着在花草树木的绿色茎叶或花瓣上，经早晨的太阳光照射，看上去晶莹剔透、洁白无瑕，因而有"白露"的美名。

这时秋风一阵凉过一阵，昼夜温差很大，茶树也进入一个很好的生长时期。白露时采制的茶叶叫作"白露茶"。白露茶不像春茶那样娇嫩、不经泡，也不像夏茶那样干涩、味苦，而是有一股独特的甘醇味道。所以老话说："春茶苦，夏茶涩，要好喝，秋白露。"

已经入秋，天气变得干燥起来。茶农伯伯为采摘白露茶而忙碌，时常觉得口干舌燥，趁着小雪梨在，我打算请她做点清燥润肺的食物。

见到小雪梨，她看上去元气满满的。

我朝她作了个揖。"小雪梨，要辛苦你炖冰糖雪梨汤啦，谢谢！"

"小事一桩，不必言谢。"

别看小雪梨长得娇小清秀，力气倒挺大，干活也很麻利。她单手就架好锅，又把水和雪梨块放入锅中，还加了些冰糖。过了一会儿，她尝了一口汤，汤水甜丝丝的："嗯，看来冰糖是加够量了。"小雪梨点点头。

她闭目养神了一会儿，直到清甜的梨香味儿逐渐浓郁起来才睁开眼睛，再次尝了一口甜汤。"冰糖雪梨汤大功告成啦！"小雪梨和我说，"小茶神，我们去把茶农伯伯们叫来喝汤吧。"

"哇，真香啊！"茶农张伯捧着梨汤陶醉地说。"好喝！好喝！小茶神，请再给我来一碗！"茶农李叔喝完一碗后咂了咂嘴，又来了一碗。

见大家都很喜欢自己煮的汤，小雪梨露出了开心的笑容。

小茶神二十四节气饮食·秋梨山楂红茶

扫码看视频

秋梨和山楂都是药食同源的东西，既可以作为日常饮品，又能调理身体。秋梨、山楂搭配红茶，甘甜中带着些许酸味，开胃又解腻！

用料：
秋梨丁200克，山楂5颗，红茶5克，蜂蜜适量。

步骤：
1.秋梨去皮切丁，取约200克放入锅中，加入山楂，用沸水煮10分钟。
2.放入红茶，稍等片刻即可饮用。

秋分

9 月 22、23 或 24 日

春茶与秋桂的相遇

　　我国汉代哲学家董仲舒所作的《春秋繁露》里曾这样描述秋分："秋分者，阴阳相半也，故昼夜均而寒暑平。"这句话是说秋分这一天和春分一样，全球昼夜平分，白天和黑夜都是十二个小时，气温由热转冷，可谓"一场秋雨一场寒"。

秋分来临，桂花次第开放，空气中到处是甜丝丝的香气。桂花树在风中摇摆，我坐在山巅的石阶上，闭着眼睛感受风儿带来的甜香。

"小茶神，醒醒，快别发呆了！"小桂花从枝头跃下，摇晃着两只小手，试图叫醒我。

"咦，原来是小桂花啊！我正打算约你一起制作桂花龙井茶呢！"

"我也是为这事来的哦，今年的桂花开得特别好，尤其是杭州满觉陇的，朵朵饱满，拿来做桂花龙井茶正合适。"

我和小桂花忙碌了好久，终于窨制好花茶。

我们围坐在桂花树下，细细品味亲手制作的桂花龙井——果然花香轻盈芬芳，茶味清新爽口。

小桂花面带忧色，说："小茶神，我们家族虽然香气浓郁，但我老觉得自己不如玫瑰、荷花好看，有点自卑……"

我忙安慰她："桂花可是我最喜欢的花，是中国传统十大名花之一，清可绝尘，浓能远溢。桂花树苍翠挺拔，花朵玲珑小巧、可爱动人。你千万不要妄自菲薄。况且香花无色，香气浓郁的花往往没有艳丽的颜色；色花不香，颜色艳丽的花朵则往往香气不浓郁，世间万物都是有得有失的。"

"小茶神，你说得太有道理了，你就像一个哲学家！你怎么懂那么多东西啊？"

"因为我喜欢读书啊！世界上有很多方法可以积累知识，但阅读一定是其中最好的方式，书里汇集了人类所有的知识精华。多读书，即使有些书你读过就忘了，但某一天，你会发现它们已经变成了你的一部分……"

"以前老师和爸爸妈妈一天到晚催我看书，我还不以为意。今天听你说完读书的好处，我终于明白了，以后我一定好好读书！"

"真棒！对了，我前几天在书上看到杭嘉湖一带的人们每年秋分后会选上好的嫩毛豆剥壳煮沸后焙烘至干燥，制成熏豆。食用时先将熏豆放入茶碗中，加入橘子皮、丁香萝卜等配料，再加入茶叶，用沸水冲泡，就成了一道清香可口、咸淡适宜、风味独特的熏豆茶。要不我们也试试做熏豆茶吧？"

"好呀！"小桂花点点头，和我一起忙起了制茶。

小茶神二十四节气饮食·桂花酒酿茶饮

扫码看视频

桂花酒酿茶饮口感层次丰富，缓缓啜上一口，满嘴的茶汤里既有Q弹的桂花冻，又有香甜软糯的酒酿，这样的一杯茶饮，有谁能拒绝！

用料：
桂花蜜适量，白凉粉5克，茯砖茶5克，酒酿2勺。

步骤：
1.将腌渍好的桂花蜜取出，用40~60℃的温水冲泡开，加入适量白凉粉，搅拌均匀，倒入保鲜盒中冷却成冻。
2.用沸水冲泡茯砖茶3分钟，滤出茶汤，放凉待用。
3.舀2勺酒酿铺在杯底，将做好的桂花冻倒入杯中，再将茯砖茶汤缓缓倒入杯中。

寒露

露气寒冷，将凝结也，故名寒露。这时，菊花渐次开放，而茶树基本不再冒芽了。

　　"抓螃蟹去喽！"我叫上菊小花。

　　秋阳高照，枫林静谧，地上铺满了厚厚的落叶，踩上去"嘎吱嘎吱"响。我牵着菊小花妹妹朝湖边走去。

　　菊小花在秋天有许多件衣服，奶白的、淡黄的、金黄的、橙黄的、墨绿的、淡绿的、橙红的、金红的、粉红的、紫红的、浅紫的……五彩缤纷，今天她最喜欢黄色。

　　走出林子，入目的便是深深浅浅的暖色随着澄澈的水波微微荡漾，阳光穿过树叶的间隙落到湖面，成了细碎的"钻石"，暖黄的光晕温柔地折射出动人的弧度。秋天虽然百花凋谢，但还有菊花能绽放一片绚丽。

　　"小茶神，又来捉螃蟹啦？"笑容和蔼的白胡子老爷爷撑着竹筏朝我们喊道。

"对啊！菊黄蟹肥嘛，我早就盼着吃大螃蟹啦！"我一边说着，一边抓螃蟹。

毕竟已经是秋天了，湖边感觉凉凉的，我忍不住打了几个喷嚏。

"小茶神，你觉得冷吗？"菊小花关心道。

"有一点，小花，我们冲一壶普洱茶暖暖吧！嘿嘿，我正好带了普洱茶！"我从怀里掏出茶具和一包普洱茶叶。

菊小花也从口袋里取出一包菊花丝："小茶神，放些菊瓣一起冲泡吧。我们菊花和茶叶是完全不同的植物种属，不能算真正意义上的茶，不过人们习惯把菊花加工后当茶饮用。类似的'非茶之茶'还有苦丁茶、荞麦茶、玫瑰花茶、金银花茶、柠檬茶等。不同的茶有不同的功效。像我们菊花，可以降秋燥。"

"真不错呢！谢谢小花妹妹。"

"对啦小花，快要到农历九月初九了，你知道这是什么日子吗？"

"知道呀！是重阳节。每到重阳节，人们便会出游赏秋、登高远眺，还有很多人会来赏菊呢！菊花代表长寿嘛。"菊小花答得头头是道。

"没错，小花，不如我们做一点菊花茶送长辈吧！他们一定会喜欢的！"我提议。

菊小花附和："好啊，我们可以通过亲手做菊花茶表达孝亲敬老之心！"

扫码看视频

小茶神二十四节气饮食·茶香仔排

在寒气侵袭的深秋，一盘酥香可口的茶香仔排可以温暖我们的胃。

用料：
猪肋排350克，红茶5克，葱姜等调料适量。

步骤：
1.猪肋排切小段焯水。
2.锅中倒油，爆香姜片，放入肋排，加各种调料，加水煮开后放入茶叶，继续焖煮。煮熟后盛出即可。

霜降

10 月 23 日或 24 日

远行的小·茶花

霜降是秋天最后一个节气。此时天气渐寒，昼夜温差增大。曹丕《燕歌行》中的"秋风萧瑟天气凉，草木摇落露为霜"就描绘了霜降之时草木零落的景象。

"小茶花，又见到你啦！你看这次我把谁带来了？"

"山茶花姐姐！好久不见！"小茶花扬起大大的笑脸。

"山茶花姐姐，你的漂亮衣服可真多啊，红的，粉的，黄的……可我的裙子全是这样的。"小茶花委屈地说。

"小茶花，你这条裙子多好看，多素净呀！"山茶花说道。

为了不打扰她们叙旧，我往前走去，突然看到一片柿子林，便嚷了起来："小茶花、山茶花，你们快看，这里有柿子，来摘柿子吧！"

说完，我们仨很快来到柿子树下，大大的火红的柿子挂满枝头，喜庆又可爱。我一跃而起，站在高高的枝头。我负责摘柿子、扔柿子，小茶花和山茶花负责接柿子、用箩筐装柿子。一时间，柿子满天飞。

"啪嗒""哎呀"一个大柿子飞到了小茶花身上，汁水溅了她一身。

"小茶花，对不起，我不是故意的。"我跳下树，愧疚地朝小茶花鞠躬道歉。

"小茶神，没关系的。"小茶花擦去污渍朝我笑笑，"衣服脏了，洗洗就干净了，我们玩得开心最重要。"

"茶"与"山茶"

茶

茶园里的茶树和花圃里的山茶是两种不同的植物。"茶"和"山茶"虽同为山茶科山茶属植物，但茶是茶亚属，山茶是山茶亚属。茶树的嫩叶或芽可以制成我们喝的茶叶，而山茶一般用于观赏。

茶树花开得越多，就会消耗越多营养，这样来年开春茶叶生长所需要的营养就不够了。因此茶农会及时摘掉、剪掉茶花和茶果，让茶树好好休息，储存足够的养分。

山茶

小茶神二十四节气饮食·白茶水蒸蛋

扫码看视频

霜降宜食用白茶水蒸蛋进补。

用料：

鸡蛋 2 个，白茶 5 克，盐适量。

步骤：

1. 将白茶泡开，滤出茶汤。

2. 蛋打散，加盐，再倒入冷却的茶汤搅匀，用细筛网过滤掉杂质和泡沫，将过滤好的蛋液倒入蒸碗，在蒸碗上包上耐高温保鲜膜，入蒸锅蒸 10 分钟，关火后略焖即可食用。

立冬

11 月 7 日或 8 日

补冬的红枣枸杞茶

寒来暑往，秋收冬藏。立冬的到来，拉开了冬天的序幕。

冬天是收藏的季节，万物都在默默地积蓄力量。植物凋落了叶子等候来年开春的雨露阳光，动物们找好洞穴，开始美滋滋地睡大觉了。

茶树也进入休眠期（秋季树体茶芽停止生长到春季萌芽的这段时间），地上部不再生长发育。茶树通过休眠保护自己，增强耐寒性，以度过漫长的冬季。这个时候就不宜采制茶叶了。一旦茶树从冬眠中醒来，恢复生长，抗寒性便迅速消失。

清晨时分，夜晚的寒气还未散去，我和小红枣漫步在乡间田野，金黄的稻谷在初升的朝阳下闪耀着金色的光芒，农民伯伯们正在田里抢收晚稻。稻香弥漫在空气中，有点像夏天园艺师傅割草时散发出的熨帖的草木清香，但没有那股盛夏蓬勃生长的微苦，多了几分成熟的平和与喜悦。

"小茶神，你喜欢冬天吗？很多人都不喜欢冬天，因为太冷了。"小红枣仰着头问我。

　　"我倒是很喜欢冬天，确切地说，春夏秋冬每个季节我都喜欢。冬天，草木萧瑟，大地上不再有浓烈的色彩，白色和黑色成了主色调。你不觉得这样的大自然就像一幅幅水墨画吗？经历了春的萌芽、夏的繁盛、秋的丰收之后，我们的大地太疲倦了，所以才需要冬天的休养生息。"

　　"可是你不觉得冬天很单调吗？"小红枣又问。

　　"确实有点，但冬天也有独特的乐趣。比如我们在家里支个炉子煮火锅，往沸腾的浓汤里投几片牛羊肉，再撒一大把鲜嫩的小青菜和菌菇，外面天寒地冻而室内温暖如春，喝一口汤，吃一口菜，身上的毛孔都微微张开，沁出一层细密的薄汗。若赶上下雪天，你用手接住雪花，看着它很快在掌心融化，心里便会期盼这场雪能下得再久一点，大一点，这样就可以和小伙伴一起打雪仗啦！或者在晴朗的天气里，把被子拿到太阳底下晒一晒，晚上睡觉的时候贪婪地吸几口太阳味儿，然后在这气味里安心睡去……"

"这样一想，冬天好棒啊！"
小红枣感叹。

"不过早晨的风还是有点冷，小红枣，我们去煮一壶红枣枸杞茶驱寒吧！"

"好啊好啊，喝红枣枸杞茶不仅可以驱寒，还可以提高免疫力呢。"

小茶神二十四节气饮食·红枣枸杞茶

扫码看视频

红枣枸杞茶就像蓬松被子里的甜蜜阳光，你想尝尝吗？快来一起动手试试吧！

用料：
红枣2颗，枸杞3克，红茶5克。

步骤：
1.将红枣、枸杞、红茶放入壶中，倒入沸水，滤掉茶汤。
2.往壶中注入清水，煮5~10分钟即可。

小雪

11 月 22 日或 23 日

给茶树添一床冬被

立冬过后，小雪飘然而至。
我提着一大盒东西往山上走，
天气越来越冷了，我拢了拢身
上的衣服，呼出一口热气，抬
头望了望茶园。

　　"我可得快点，小干草还
等着我陪她一起涮羊肉呢！"
我加快了脚步。

　　"小干草，你在干吗呢？我来啦！"

　　"小茶神，我在给茶树盖被子呢！冬天气温低，我们怕
茶树冻着，要在茶树根部披盖稻草当被子呀！"

　　"小干草，我来帮你吧，忙完我们就可以一起吃火锅啦！"

　　好不容易和小干草一起帮茶树盖好了被子，我迫不及待
地寻来枯树枝，准备生火煮火锅。小干草见状立马阻止了我。

"小茶神，不可以！冬季干燥，山上、茶园里有很多易燃物，一定不能在这类地方用明火哦！如果发现火灾，记得马上拨打119 火警电话报警。"

"我明白啦！那我们赶紧回家吃吧！回家我还能泡一壶普洱给你喝，冬天可适合喝普洱了！"

"诶？为什么呢？喝茶还要分季节吗？"小干草一边帮我收拾枯树枝一边问道。

"因为'夏喝龙井，冬饮普洱'啊！"我继续说道，"龙井茶呢，是绿茶，绿茶没有经过发酵，茶性偏寒，有清热解暑、生津止渴、去火的功效。而冬天温度低，御寒很重要。普洱茶性温，对人的胃刺激比较小，可以御寒暖胃。不仅如此，它还含有丰富的蛋白质，可以有效增强人体抵抗力，所以冬天比较适合喝普洱茶啦！"

普洱生茶饼

普洱生茶汤

普洱熟茶汤

普洱熟茶饼

我边说边拿出茶饼开始泡茶。茶和热水相撞的一刹那，香气四溢，钻进了小干草的鼻子。

"好香呐！"小干草端起茶杯就要喝。

"等等！"我立马制止她。

"小干草，别心急，再等等。刚泡好的茶可是非常烫的。"

等水温稍稍降了一些，小干草小小地啜了一口茶，满意地说道："好好喝呀！"

"你喜欢就好！"我见小干草喜欢，就决定留下一饼普洱茶给她，让她整个冬天都有普洱茶暖融融的陪伴。

小茶神二十四节气饮食·茶香米饭

扫码看视频

小雪时节，天气越来越冷，适合来一碗热腾腾的茶香炒饭。

用料：
米饭1碗，抹茶粉3克，胡萝卜、香菇、盐适量。

步骤：
1.将胡萝卜、香菇切成小丁。
2.起锅烧油，依次下入胡萝卜丁、香菇丁、熟米饭翻炒，再加入抹茶粉和盐，炒均匀即可出锅。

大雪

12 月 6、7 或 8 日

雪宝宝送的羽绒服

86

大雪紧跟着小雪的脚步来到了人间。此时，我国大部分地区的最低气温降到了 0°C 及以下。大雪就在这严寒中悄然而至，在大地上尽情地施展魔法，使得"千里冰封，万里雪飘"。

　　"瑞雪兆丰年"，对于茶树而言，也是如此。冬季严寒，茶树正处于休眠期，一旦降雪，病虫害就会减少。雪堆积起来，在茶树周围形成一个保温层，茶树就不会被冻伤。等到暖和起来，积雪融化，又灌溉了土壤。因此对于茶树来说，冬季降雪是一件好事。

在一片冰雪世界中，我和雪宝宝一步一个脚印，快乐地踩着蓬松的积雪。走着走着，我突然灵光一现："雪宝宝，我们来踩雪画画吧。"

于是，雪地里出现了我俩用脚踩出的各种图案。你们瞧：这是一幢带烟囱的小房子，门前有一只大黑狗在眺望远方。大黑狗的前方有一架秋千，秋千上坐着一个小女孩，她的怀里抱着一个布娃娃。

不过外面实在太冷了，我和雪宝宝玩了一会儿，手都冻红了，于是回到了室内。

回到家，我架起火炉，召唤出小黑茶："绿青白红黄黑，六大茶类黑茶现。喉吻润，破孤闷，两腋习习清风生。"

也许是天冷的原因，从茶花中出来的小黑茶把自己包裹得严严实实的。

"小黑茶，今天雪宝宝来我们家玩，可以帮我们煮一壶黑茶暖暖身子吗？"

"好的！"小黑茶马上开始忙碌起来。

室外，雪纷纷扬扬地下着，如柳絮翻飞，似蝴蝶舞蹈，而室内却温暖如春。我和雪宝宝聊着天，不时发出阵阵欢笑声。

小茶神二十四节气饮食 · 红枣黑茶煮

扫码看视频

大雪是"进补"的好时节，适合来一杯红枣黑茶煮。

用料：
黑茶 5 克，红枣数颗。

步骤：
将 200 毫升水倒入茶壶中煮开，加入黑茶与红枣，煮 3 分钟，一道暖意十足的红枣黑茶煮就做好了。

12 月 21、22 或 23 日

抹茶味的汤圆

冬至

冬至是北半球一年中白昼最短的一天。过了这天，白昼就会渐渐变长。

到了冬至，一年中最寒冷的日子就开始了。冬至不仅是一个重要的节气，还曾是一个隆重的节日，冬至又被称为"冬节"，民间有"冬至大如年"的说法。

冬至这天，我的好朋友——小汤圆来了。

小汤圆雪白晶莹，圆滚滚、胖嘟嘟的，一见面，她就迫不及待地说她又研发出了新口味！

我睁大眼睛不敢相信："小汤圆，你已经研制出那么多种口味了，有芝麻馅、豆沙馅、桂花馅、紫薯馅、巧克力馅、板栗馅……现在还有什么新口味啊？"

"小茶神，你猜猜看，这款新口味可是和你有关哦！"

"和我有关？"我一脸疑惑。

"嘻嘻，是抹茶的哦！"

"原来是抹茶啊！快给我尝尝！"

味溜，味溜，我立马夹了一个汤圆吃掉。

"味道怎么样？"小汤圆期待地问。

"嗯嗯，真好吃！吃起来有茶叶独特的清香。我觉得人们会喜欢这个新口味的！"

"小茶神，北方人冬至吃饺子而南方人要吃汤圆，为什么北方和南方的习俗不一样呢？"

"因为南北方所处的地理位置不同啊，气候也有很大差异，从古至今生活习惯也不一样。不过，不管是南方人还是北方人，大家都是中华儿女！"

我又吃了一个汤圆，继续说："对了，南北方不仅地理位置、气候条件不一样，茶树的生长周期也不一样。在台湾，因为纬度低，冬季气温相对较高，茶叶一般可以一年四收，分为春茶、夏茶、秋茶、冬茶。冬茶采收后茶树就进入休眠期，但有时遇上暖冬，茶叶会在冬至前再长一次，这就是所谓的冬片茶。冬片茶口感独特，产量也很低。下次我带给你尝一尝！"

小汤圆一边和我聊天，一边又忙碌起来。为了满足小伙伴中的南方胃和北方胃，我们不仅要做汤圆，还要做一些饺子。我不太熟练，包得很慢，而且不一会儿就满脸满身都是白白的糯米粉和面粉。

小茶神二十四节气饮食·抹茶饺子

扫码看视频

抹茶饺子既美观又美味，也很适合冬至食用。

用料：

鸡蛋1颗，中筋面粉500克，抹茶粉20克，黑木耳、香菇、肉末、盐和料酒等适量。

步骤：

1.将黑木耳与香菇泡发切丁，加入盐和料酒调味，与肉末一起做馅。

2.将面粉和抹茶粉混合，打入鸡蛋，用清水和面，揉成面团后静置半小时以上。将面团揉成长条，切成小剂子，再用擀面杖擀成饺子皮，将饺子馅包入饺子皮。

3.煮一锅水，水沸腾后将饺子下锅，煮熟后即可食用。

小寒

1月5、6或7日

姜·小·生的御寒诀窍

俗语说："小寒大寒，冷成冰团。"

小寒时节，土壤深层的热量已经消耗殆尽，一年中最冷的"三九天"就要到了。小寒的到来，意味着新年越来越近了。这一天，我和姜小生约好去收集年味儿。

"小茶神，年味儿到底是什么呀？"姜小生问。

我凑到姜小生身边做出嗅闻的样子："年味儿啊，就是你的味道呀，哈哈。"

"你骗人，别拿我开玩笑啦！你认真跟我讲。"

"好啦好啦。不过我也没有开玩笑，年味儿可能不是某一种具体的味道，它是过年时大家走亲访友、吃年夜饭的那种阖家团聚、欢乐热闹的氛围……生姜味也是年味的一部分呀！生姜真的是非常养生的食材。小寒前后，温度、湿度等气象要素变化剧烈，人们很容易感染各种疾病，多食用生姜这类温热性食物，可以增强抵抗力。俗话说'姜茶治病，糖茶和胃'，生姜和红茶可真是天生一对，生姜红茶不仅暖胃而且好喝，制作起来也很简单，怕冷的人早上起床后喝一杯生姜红糖茶，还能预防感冒。"

我们一边走一边聊，一会儿聊到腊八节香浓的腊八粥，一会儿聊到品种丰富的年货。

　　"小茶神，你喜欢过年时大家在门上、窗户上张贴的春联和窗花吗？我可喜欢啦！这些红红的装饰物让家家户户显得更喜庆了呢！"

　　"当然啦！不过呢，相比现在市场上卖的这些春联，我更喜欢人们亲手写的春联，因为那一笔一画里都蕴含着人们对这一年的总结和对来年的期待。"

　　姜小生点点头："说得很有道理呢。小茶神，要不我们也试着写写春联吧！"

　　说完，我俩开心地拿起毛笔开始写春联。

　　"姜小生，你喜欢过年吗？"我一边写春联，一边问。

　　"我当然喜欢啦！过年的时候，我可以痛痛快快地和小伙伴们玩，还可以穿新衣服，吃好多好吃的……过年太美好了！"

"小茶神,春联写好啦,我们一起去贴春联吧!我写了'快快乐乐过童年,健健康康新年好',横批'童年快乐'!"姜小生把春联展示给我看,问我写了什么。

"'一家人欢欢喜喜过新年,一辈子平平安安是大福',横批'平安是福'!"我说。

我们相视一笑,找来椅子和糨糊,兴致勃勃地贴起春联!

小茶神二十四节气饮食·生姜红茶

扫码看视频

生姜和红茶都偏温性,一杯生姜红茶下肚,感觉身体都暖暖的。

用料:
红碎茶5克,生姜丝、红糖适量。

步骤:
用开水冲泡红碎茶约3分钟,把生姜丝和红糖一起放入茶壶中,煎煮沸腾2~3分钟即可饮用。

大寒

1 月 20 日或 21 日

蜡梅姐姐的新年惊喜

大寒是一年中最后一个节气。

寒风凛冽，茶园里静悄悄的，一阵阵幽香弥散在风里，我知道蜡梅姐姐要来陪我过大年了。

蜡梅姐姐和我们常说的梅花可不一样，但是她们长得比较像，而且都很香。我远远地就看到了蜡梅姐姐，她在阳光照耀下金灿灿的，在万物沉寂的冬天显得格外有活力。

蜡梅
（蜡梅科蜡梅属）

梅
（蔷薇科李属）

蜡梅姐姐买了好多好吃的。"蜡梅姐姐，这些菜我们两个根本吃不完吧！就算我召唤六位茶童，也不行啊。"我说。

"别着急小茶神，你先把六大茶童叫来一起帮忙准备年夜饭吧。"

"好！"我催动六色茶花，把茶童们召唤出来。

在大家的努力下，一盘又一盘菜被端上大圆桌。

"小茶神，快去开门吧，你的惊喜在门外哦！"蜡梅姐姐对我说道。

我推开门，只见我的好朋友们就站在门口，他们一齐大喊："小茶神，除夕快乐！"

我惊喜万分，高兴地和他们一起又唱又跳！

突然，我想到了什么："难得今天大家都聚在一起，我给大家泡三清茶吧！"

"三清茶是什么？"蜡梅姐姐问。

"三清茶以贡茶为主料，佐以清高幽香的蜡梅花、清醇莹润的松子、清雅芳香的佛手。三样清品，蜡梅花象征五福，松子寓意长寿，佛手谐音福寿。清代乾隆皇帝很喜爱三清茶，曾赋诗一首：'梅花色不妖，佛手香且洁。松实味芳腴，三品殊清绝……'咱们今天这样团聚的日子正适合来一杯三清茶。"

"好啊好啊！"大家听了我的讲述，都想试试这三清茶。

喝完茶，蜡梅姐姐点燃了鞭炮。在噼里啪啦的鞭炮声中，大家围坐在一起吃年夜饭，分享这一年的感受，许下新年的愿望！

轮到我时，我举起杯来："亲爱的朋友们，这一年里我们经历了很多事情，有悲伤的，也有喜悦的，但因为有你们的陪伴，这一切都显得那么有意义！我祝愿大家明年更好！"

"咚——咚——咚——"我话音刚落，新年钟声正好敲响。大家会心一笑，共同举起手中的杯子："新年快乐！"

窗外，万物仍在冰雪的怀抱里沉睡，它们也将会在春风的吹拂下苏醒。明年会更好！

小茶神二十四节气饮食·三清茶

扫码看视频

三清茶不仅有益健康，更是一杯"高洁"之茶，一杯吉祥茶，不妨用一杯三清茶敬敬长辈。

用料：
西湖龙井3克，新鲜佛手丁3克，蜡梅花3克，松仁3克。

步骤：
以西湖龙井3克为底料，在盖碗中依次加入新鲜佛手丁3克、蜡梅花3克、松仁3克，用80°C的温开水泡开，冲泡3分钟即可制成一杯三清茶。

神奇的茶数据

在自然生长状态下，成年期的茶树有些是"矮个"，有些是"巨人"。

茶树可分为灌木、小乔木、乔木三种类型，

灌木型茶树树高通常为 1.5~3 米，

乔木型茶树树高通常为 3~5 米，野生茶树可高达 10 米以上。

小乔木型茶树介于两者之间。

目前世界上已知的最古老茶树位于中国云南，树龄超 3000 年。

世界三大饮料——茶、咖啡、可可。

全球有 60 多个国家和地区种植茶树，2022 年茶叶产量约 640 万吨。

全球茶叶产量前 5 位的国家: 中国、印度、肯尼亚、土耳其、斯里兰卡（2022 年）。

全球 80 亿人口，超过 10 亿人从事与茶相关的工作。

目前全球有 160 多个国家和地区近 30 亿人喜欢喝茶。

土耳其人每天喝掉约 2.5 亿杯茶。

最受消费者欢迎的三类茶——红茶、绿茶、青茶。

茶叶中的已知化合物有 700 多种，包括茶多酚、咖啡碱、氨基酸等，对茶叶的色、香、味及营养保健起着重要的作用。

中国茶区分布辽阔，东起东经 122 度的台湾东部海岸，西至东经 95 度的西藏自治区易贡，南至北纬 18 度的海南榆林，北到北纬 37 度的山东荣成。东西跨经度 27 度，南北跨纬度 19 度，共 21 个省（区、市）生产茶叶。

北纬30度（上下波动5度所覆盖范围）不仅有许多自然奇观，还是一条"茶叶生产的黄金纬度带"。

中国"十大名茶"产区均在此范围内：

西湖龙井（浙江省）

黄山毛峰（安徽省）

祁门红茶（安徽省）

洞庭碧螺春（江苏省）

太平猴魁（安徽省）

六安瓜片（安徽省）

君山银针（湖南省）

庐山云雾（江西省）

信阳毛尖（河南省）

安溪铁观音（福建省）

2005年，杭州提出"茶为国饮，杭为茶都"的口号，并发出将每年4月20日定为"全民饮茶日"的倡议。

2019年12月19日，第74届联合国大会通过决议，将每年5月21日定为"国际茶日"，从此全世界拥有了一个属于爱茶人的节日。

2022年11月29日，"中国传统制茶技艺及其相关习俗"被列入联合国教科文组织人类非物质文化遗产代表作名录。

2023年9月17日，"普洱景迈山古茶林文化景观"被列入世界遗产名录，成为全球首个茶文化主题世界文化遗产。